四川省（区域性）地方标准

工业化建筑用混凝土部品质量评定和检验标准

Standard for quality inspection and evaluation of precast concrete components for industrial construction

DB 510100/T 227—2017

U0206453

主编单位：成都市建筑材料行业协会
批准部门：四川省质量技术监督局
施行日期：2017 年 6 月 1 日

西南交通大学出版社

2017 成都

图书在版编目（CIP）数据

工业化建筑用混凝土部品质量评定和检验标准／成
都市建筑材料行业协会主编. —成都：西南交通大学出
版社，2018.3
ISBN 978-7-5643-5997-3

Ⅰ.①工… Ⅱ.①成… Ⅲ.①混凝土结构－结构构件
－质量检验－标准－中国 Ⅳ.①TU528-65

中国版本图书馆 CIP 数据核字（2017）第 321099 号

工业化建筑用混凝土部品质量评定和检验标准

主编　成都市建筑材料行业协会

责 任 编 辑	杨　勇	
封 面 设 计	原谋书装	
出 版 发 行	西南交通大学出版社 （四川省成都市二环路北一段 111 号 西南交通大学创新大厦 21 楼）	
发 行 部 电 话	028-87600564　028-87600533	
邮 政 编 码	610031	
网　　　址	http://www.xnjdcbs.com	
印　　　刷	成都蜀通印务有限责任公司	
成 品 尺 寸	210 mm × 285 mm	
印　　　张	3	
字　　　数	60 千	
版　　　次	2018 年 3 月第 1 版	
印　　　次	2018 年 3 月第 1 次	
书　　　号	ISBN 978-7-5643-5997-3	
定　　　价	28.00 元	

前　言

本标准按照 GB/T 1.1—2009 给出的规则起草。

本标准由成都市经济和信息化委员会提出。

本标准主编单位：成都市建筑材料行业协会。

本标准参加编制单位：四川省建材工业科学研究院、成都建工工业化建筑有限公司、四川省建筑设计研究院、四川华西绿舍建材有限公司、四川省晟茂建设有限公司、中建科技成都有限公司、中国华西企业股份有限公司第十二建筑工程公司、成都市墙材革新建筑节能办公室、四川省建材产品质量监督检验中心、四川国统混凝土制品有限公司。

本标准主要起草人：江成贵、章一萍、何国惠、程晓波、吴光伟、秦建国、冯身强、罗进元、张仕忠、张敏、吕萍、陈明轩、陈刚、黄濛、魏英杰、代正才、佘金波、袁宇鹏、唐丽娜、刘伟、曾沙。

目　次

工业化建筑用混凝土部品质量评定和检验标准

1 范围

本标准规定了工业化建筑用混凝土部品（以下简称"混凝土部品"）的术语和定义、分类和标记、过程质量评定和检验、产品质量评定和检验、产品贮存、出厂和运输、出厂合格证和使用说明书。

本标准适用于工业化建筑用混凝土部品生产过程及产品质量的评定和检验。

2 规范性引用文件

下列文件对于本文件的应用是必不可少的。凡是注日期的引用文件，仅所注日期的版本适用于本文件。凡是不注日期的引用文件，其最新版本（包括所有的修改单）适用于本文件。

GB 6566 建筑材料放射性核素限量

GB/T 9978.3 建筑构件耐火试验方法第 3 部分：试验方法和试验数据应用注释

GB/T 13475 绝热 稳态传热性质的测定 标定和防护热箱法

GB 13788 冷轧带肋钢筋

GB/T 19631 玻璃纤维增强水泥轻质多孔隔墙条板

GB/T 20473 建筑保温砂浆

GB/T 50080 普通混凝土拌合物性能试验方法标准

GB/T 50081 普通混凝土力学性能试验方法标准

GB/T 50082 普通混凝土长期性能和耐久性能试验方法标准

GB/T 50107 混凝土强度检验评定标准

GB 50204 混凝土结构工程施工质量验收规范（附条文说明）

GB 50661 钢结构焊接规范

JC/T 540 混凝土制品用冷拔低碳钢丝

JGJ 18 钢筋焊接及验收规程

JG 190 冷轧扭钢筋

3 术语和定义

下列术语和定义适用于本标准。

3.1

工业化建筑用混凝土部品

由混凝土或混凝土与其他材料复合而成，在工厂内运用现代化的工业化技术生产、现场安装的具有建筑使用功能的建筑用混凝土产品。

3.2

保温型部品

以轻质混凝土为结构材料，或普通混凝土结构复合保温构造，且标称具有保温隔热功能的部品。

4 分类和标记

4.1 分类及代号

混凝土部品按用途、功能以及内力状态划分类别。混凝土部品类别及代号见表1。

表1 混凝土部品分类及代号

序号	分 类	产 品	代 号
1	柱	钢筋混凝土柱	PC-Z
2		钢筋混凝土墙柱	PC-QZ
3	梁	钢筋混凝土梁	PC-L
4		预应力混凝土梁	PPC-L
5		钢筋混凝土叠合梁构件	PC-DL
6		预应力混凝土叠合梁构件	PPC-DL
7	楼层板	钢筋混凝土楼层板	PC-LB
8		预应力混凝土楼层板	PPC-LB
9		钢筋混凝土叠合楼层板构件	PC-DLB
10		预应力混凝土叠合楼层板构件	PPC-DLB
11	屋面板	钢筋混凝土屋面板	PC-WB
12		预应力混凝土屋面板	PPC-WB
13		钢筋混凝土叠合屋面板构件	PC-DWB
14		预应力混凝土叠合屋面板构件	PPC-DWB
15	外墙板	钢筋混凝土外墙板	PC-WQB
16		预应力混凝土外墙板	PPC-WQB
17		保温型钢筋混凝土外墙板	PC-TI-WQB
18		保温型预应力混凝土外墙板	PPC-TI-WQB

2

序号	分 类	产 品	代 号
19	内墙板	钢筋混凝土内墙板	PC-NQB
20		预应力内墙板	PPC-NQB
21	外墙外挂板	保温型钢筋混凝土外墙外挂板	PC-TI-QGB
22		保温型预应力混凝土外墙外挂板	PPC-TI-QGB
23	楼梯板	钢筋混凝土楼梯板	PC-LTB
24		预应力混凝土楼梯板	PPC-LTB

4.2 标 记

混凝土部品标记按表 2 的规定。

表 2 混凝土部品标记

序号	部品类别	标记构成及标记示例
1	柱	**标记构成:** 1. 方型柱: 部品代号 公称长度(×100 mm)横截面长度(×10 mm)横截面宽度(×10 mm)－混凝土强度等级-执行图集代号－制造企业－生产日期 2. 墙柱: 部品代号 公称高度(×100 mm)宽度(×10 mm)厚度(×10 mm)－混凝土强度等级－执行图集代号－制造企业－生产日期 **标记示例:** 成都建工混凝土制品公司依据川 15J120 图集 2016 年 3 月 15 日生产的长度为 3 600 mm,横截面长度为 500 mm,横截面宽度为 450 mm,混凝土强度等级为 C45 的钢筋混凝土柱标记为: PC-Z36 50 45-C45-川 15J120 -成都建工-2016.03.15
2	梁	**标记构成:** 部品代号 公称长度(×100 mm)横截面宽度(×10 mm)横截面高度(×10 mm)-承载力弯矩(kN·m)－执行图集代号－制造企业－生产日期 **标记示例:** 成都建工混凝土制品公司依据川 15J120 图集 2016 年 3 月 15 日生产的长度为 4 200 mm,横截面宽度为 250 mm,横截面高度为 450 mm,混凝土强度等级为 C45 的钢筋混凝土梁标记为: PC-L42 25 45-45.0-川 15J120 -成都建工-2016.03.15。 成都建工混凝土制品公司依据川 15J120 图集 2016 年 3 月 15 日生产的长度为 4 200 mm,横截面宽度为 250 mm,横截面高度为 450 mm,混凝土强度等级为 C45 的预应力混凝土叠合梁板标记为: PPC-DL42 25 45-45.0-川 15J120-成都建工-2016.03.15
3	楼层板	**标记构成:** 部品代号 公称长度(×100 mm)板宽度(×100 mm)－荷载等级－执行图集代号－制造企业－生产日期 **标记示例:** 成都建工混凝土制品公司依据川 15J120 图集 2016 年 3 月 15 日生产的长度为 4 200 mm,宽度为 900 mm,荷载等级为 5 kN/m² 的预应力混凝土楼层板标记为: PPC-LB42 9-5 -川 15J120-金牛万达-成都建工-2016.03.15。 成都建工混凝土制品公司依据川 15J120 图集 2016 年 3 月 15 日生产的长度为 4 200 mm,宽度为 900 mm,荷载等级为 5 kN/m² 的钢筋混凝土叠合楼层板标记为: PC-DLB42 9-5 -川 15J120-金牛万达-成都建工-2016.03.15

4	屋面板	**标记构成：** 部品代号 公称长度（×100 mm）板宽度（×100 mm）- 荷载等级 - 执行图集代号 - 制造企业 - 生产日期 **标记示例：** 成都建工混凝土制品公司依据川15J120图集2016年3月15日生产的安装于金牛万达项目的长度为6 000 mm,宽度为1 500 mm,荷载等级为5 kN/m² 的预应力混凝土屋面板标记为：PPC-WB60 15-5-川15J120-金牛万达-成都建工-2016.03.15
5	外墙板	**标记构成：** 部品代号 公称宽度（×100 mm）公称高度（×100 mm）- 执行图集代号 - 制造企业 - 生产日期 **标记示例：** 成都建工混凝土制品公司依据川15J120图集2016年3月15日生产的长度为4 500 mm,公称高度为3 300 mm 的自保温钢筋混凝土外墙板标记为：PC-SI-WQB45 33-川15J120-金牛万达 12#12 (1/C-D)-成都建工-2016.03.15
6	内墙板	**标记构成：** 部品代号 公称宽度（×100 mm）公称高度（×100 mm）- 执行图集代号 - 制造企业 - 生产日期 **标记示例：** 成都建工混凝土制品公司依据川15J120图集2016年3月15日生产的公称宽度为600 mm,公称高度为3 300 mm 的钢筋混凝土内隔墙条板标记为:PC-NQTB6 33-川15J120-金牛万达 12#12 (8/B-C)-成都建工-2016.03.15。 成都建工混凝土制品公司依据川15J120图集2016年3月15日生产的公称宽度为4 500 mm,公称高度为3 300 mm 的预应力混凝土内墙板标记为：PPC-NQB45 33-川15J120-金牛万达 12#12 (8/ B-C)-成都建工-2016.03.15
7	外墙外挂板	**标记构成：** 部品代号 公称宽度（×100 mm）公称高度（×100 mm）- 执行图集代号 - 制造企业 - 生产日期 **标记示例：** 成都建工混凝土制品公司依据川15J120图集2016年3月15日生产的公称宽度为4 500 mm, 公称高度为3 300 mm 的保温型钢筋混凝土外墙外挂板标记为：PC-TI-QGB45 33-川15J120-金牛万达-12#12 (8/ D-E)-成都建工-2016.03.15
8	钢筋混凝土楼梯板	**标记构成：** 部品代号 公称高度（×100 mm）公称宽度（×100 mm）- 执行图集代号 - 制造企业 - 生产日期 **标记示例：** 成都建工混凝土制品公司依据川15J120图集2016年3月15日生产的公称高度为3300 mm,公称宽度为1200 mm 的钢筋混凝土楼梯板标记为：PC-LTB33 12 -川15J120-金牛万达 12#2-6-成都建工-2016.03.15

5 过程质量评定和检验

5.1 基本规定

5.1.1 生产过程的质量检验分为一般要求、原辅材料及零部件、混凝土、钢筋加工及钢筋骨架、节能构造、装饰构造、预装框及预留洞口和返工与返修 8 个分项。

5.1.2 生产过程检验应按本标准的规定逐项、逐条、逐款检验评定。生产过程质量检验评定按下列规定进行评定：

　　a）某一检验项目或质量控制条款的检验或检查结果符合本标准的规定，评定该项（或该条款）合格，否则评定该项（或该条款）不合格。

　　b）某一分项所有检验项目和质量控制条款均合格时，评定该分项过程质量合格，否则评定该分项过程质量不合格。

5.1.3 超出质量验收标准规定，经过返工能够纠正的制造缺陷允许返修，不影响结构性能、安装使用和装饰效果的制造缺陷允许修补。允许返修、修补的缺陷，不进行返修、修补，应判定缺陷项目不合格。质量要求严格、工艺复杂、技术要求高的返修、修补应制定返修、修补工艺文件。缺陷返修、修补后，应当对缺陷项目以及缺陷可能影响的性能项目重新检验。返修、修补情况和返修、修补后的检验结果应记录存档。

5.1.4 过程检验和质量评定应由专职检验人员根据本标准所规定的检查数量随机抽样，并按检验批进行检验和评定。

5.2 一般要求

5.2.1 混凝土部设计标准图集或部品设计文件。其内容应完整、正确，至少应当包括下列内容：

　　a）设计单位、设计人；

　　b）部品名称、使用部位；

　　c）组成材料名称、规格型号；

　　d）部品结构构造及细部尺寸、规格尺寸、装配尺寸及装配尺寸允许偏差、装配要求；

　　e）部品性能或功能指标。

5.2.2 混凝土部品生产工艺技术规程。其内容应完整，控制参数应完善、合理，应有生产混凝土部品涉及的下列内容：

　　a）原材料名称、规格或型号、质量要求、贮存要求；

b）钢筋加工、钢筋骨架制作工艺及控制参数；

c）混凝土（或砂浆）拌合物制备工艺及控制参数；

d）模具拆卸、清理、组装及隔离剂涂刷要求；

e）预置件（钢筋骨架、预埋件、保温板、面砖等）、预留孔洞等在模具中的设置要求；

f）预应力张拉工艺及控制参数；

g）成型工艺及控制参数；

h）养护工艺及控制参数；

i）成品搬运、堆放要求。

5.2.3　生产的混凝土部品应有产品标准。当不具备制定产品标准条件时，混凝土部品生产企业应制定有所生产混凝土部品的产品质量内控标准。

5.2.4　生产制造混凝土部品企业应当配置与生产混凝土部品需要的检验设备、设施和人员，且配置的检验场所、设备和设施、人员应与生产的混凝土部品、生产规模相适应。

5.2.5　生产制造混凝土部品企业应按本规程的规定进行过程检验、出厂检验，并保存相关记录。

5.3　原辅材料及零部件

5.3.1　生产混凝土部品使用的原辅材料及零部件的品种、规格应与工艺文件相一致，其质量应符合相应的产品标准的规定。

5.3.2　进厂各种原辅材料及零部件应查验品种、规格、生产企业（或产地）是否与采购合同相一致，应查验出厂检验报告和出厂合格证，并收集、保存查验资料。

5.3.3　进厂各种原辅材料及零部件均应每批抽样复检，抽样复检项目应符合相应的产品标准或工艺文件规定。应对生产使用的下列且不限于下列原辅材料及零部件进行质量验收验证检验：

a）钢筋、钢板、型钢、焊条、锚具；

b）保温材料、防水材料、装饰材料；

c）砂、石、水泥、掺合料、混凝土外加剂；

d）门框、窗框、插座。

5.4　混凝土

5.4.1　各品种、强度等级混凝土初次配制时，应做混凝土配合比试验；正常生产时，每月应校验一次混凝土配合比。

5.4.2　混凝土各种原材料用量应计量，并自动保存计量数据。每盘混凝土各种原材料按重量计的计量偏差应符合表 3 的规定。每天查验不应少于一次。

表 3　每盘混凝土原材料计量允许偏差　　　　　　　　单位为百分比

序号	材　料	允许偏差
1	水泥	± 1.0
2	混凝土外加剂	± 1.0
3	掺合料	± 1.0
4	砂	± 2.0
5	石	± 2.0
6	水	± 1.0

5.4.3　混凝土拌合物的和易性，应符合混凝土配合比报告单的规定，每工作班抽检不应少于一次。必须进行开盘检验，并保存检验记录。试验方法按 GB/T 50080 的规定进行。

5.4.4　抗冻混凝土的混凝土拌合物的含气量应符合混凝土配合比设计要求。每工作班抽检不应少于 1 次，试验方法按 GB/T 50080 的规定进行。

5.4.5　混凝土性能测试时，混凝土的取样、试件的制作、养护、试验和质量评定应符合 GB/T 50080、GB/T 50081、GB/T 50082、GB/T 50107 等标准的有关规定。混凝土抗压强度每工作班取样检验不应少于一次；其他性能按相关标准规定频次取样检测。

5.4.6　每批混凝土部品的混凝土力学性能应符合下列规定：

　　a）混凝土 28 天强度应达到设计强度等级；

　　b）当无明确设计要求时，脱模时混凝土强度不得低于设计混凝土强度等级值的 50%；

　　c）当无明确设计要求时，先张法放张时或后张法张拉时混凝土强度不得低于设计混凝土强度等级值的 75%；

　　d）当无明确设计要求时，出厂时混凝土强度不应低于设计混凝土强度强度等级值。

5.4.7　当有要求时，应取样制作混凝土的弹性模量、收缩性能、抗渗性、抗冻性等性能的检测试件进行检测，检验结果应符合设计要求。

5.4.8　混凝土成型工艺参数、生产操作应符合现行有关规范、技术文件的规定。每工作班查验不应少于一次。

5.4.9　混凝土养护制度、工艺参数控制应符合现行有关规范、技术文件的规定。每工作班查验不应少于一次。

5.5 钢筋加工及钢筋骨架

5.5.1 混凝土部品生产企业自己生产冷拔钢丝、冷轧带肋钢筋或冷轧扭钢筋的，其产品质量应符合现行有关标准的规定。逐批抽样检验，检验按 JC/T 540、GB 13788、JG 190 等现行标准规定进行。

5.5.2 预应力筋下料应符合下列要求：

    a）预应力筋应采用砂轮锯或切断机切断，不得采用电弧切割。

    b）当钢丝束两端采用镦头锚具时，同一束中各根钢丝长度的极差不应大于钢丝长度的 1/5 000，且不应大于 5 mm。当成组张拉长度不大于 10 m 的钢丝时，同组钢丝长度的极差不得大于 2 mm。

    c）检查数量：每工作班抽查预应力筋总数的 1%，且不少于 3 束。

5.5.3 当设计文件有钢筋连接规定时，钢材的连接方式应符合设计规定。每工作班抽查一次，检验方法为目测。

5.5.4 钢材焊接应在焊接工艺考评合格后，方可进行生产焊接。检验按 JGJ 18、GB 50661 等标准的规定进行。

5.5.5 钢材焊接质量应符合相关标准规定。逐批抽样检验，检验按 JG 18、GB 50661 等现行标准的规定进行。

5.5.6 钢筋骨架中主钢筋的品种、牌号、规格、数量、加工形状、配置位置应符合工艺文件要求。检验方法为核对、目测。

5.5.7 混凝土部品为装配设置的预留钢筋、预埋件的品种、规格、数量、设置位置应符合工艺文件要求，与钢筋骨架的连接、固定应牢固、可靠。检验方法为核对、测量。

5.5.8 混凝土部品吊装设置的吊环、挂孔预埋件的材料品种、牌号、规格，吊环、挂孔预埋件的形状、尺寸、数量、设置位置应符合工艺文件要求。检验方法为核对、测量。

5.5.9 钢筋接头宜设置在受力较小处，同一纵向受力钢筋不宜设置 2 个或 2 个以上接头；接头宜相互错开。检验方法为目测。

5.5.10 钢筋骨架保护层垫块或支撑筋设置的数量、位置应符合工艺文件要求，保护层垫块或支撑筋应固定牢固。检验方法为目测、计数。

5.5.11 后张法粘结预应力筋预留孔道的规格、数量、位置和形状除应符合设计要求外，尚应符合下列规定：

    a）预留孔道的定位应牢固，浇筑混凝土时不应出现移位和变形；

    b）孔道应平顺，端部的预埋锚垫板应垂直于孔道中心线；

c）成孔用管道应密封良好，接头应严密且不得漏浆；

d）灌浆孔的间距:对预埋金属螺旋管不宜大于 30 m；对抽芯成形孔道不宜大于 12 m；

e）在曲线孔道的曲线波峰部位应设置排气兼泌水管，必要时应在最低点设置排水孔。

f）检验方法：观察、测量。

5.5.12　钢筋骨架制作尺寸偏差按工艺文件控制，工艺文件无明确要求时，应符合表 4 的规定。制作的首件骨架必须进行检验，检验合格后方可进行骨架批量生产；正常生产时每工作班抽检数量不得少于 3 件；检验项目为 5.5.6～5.5.12 规定项目。

表 4　钢筋骨架制作尺寸允许偏差　　　　　　　　单位为毫米

序号	项　目			尺寸允许偏差
1	钢筋骨架	长度、宽度	≤1 000	±5
			>1 000	±10
		高　度		±5
2	主　筋	间　距		±10
		保护层厚度	与设计值的偏差	±5
			厚　度	≥最小保护层厚度值
3	构造筋	钢筋网片	长度、宽度	±10
			网孔尺寸	±20
		箍　筋	钢筋直径	应符合相关标准规定
			间　距	±20
4	预埋件中心位置			≤5
5	预留钢筋位置			≤5
6	预留钢筋长度			0，+10

5.5.13　钢筋骨架在模具中的位置偏差按工艺文件控制，工艺文件无明确要求时，应符合表 5 的规定。每工作板抽检数量不少于 3 件，检验方法为目测、测量和检查。

表 5　钢筋骨架在模具中的位置允许偏差　　　　　　单位为毫米

序号	项　目		允许偏差
1	钢筋骨架纵向、横向和竖向轴线与模具相应轴线	同轴度	≤3
		平行度	≤5
2	骨架面层主筋表面与对应模板表面距离		≥最小保护层厚度
3	预埋件中心与模具对应位置		≤5
4	预留钢筋与模具对应位置		≤5
5	钢筋骨架与模具配合		抵紧边摸板无松动，且骨架和钢筋无明显变形

5.6 节能构造

5.6.1 保温材料的类别、型号、规格应与工艺文件一致。生产时每天抽查不少于 1 件部品，检验方法为观察、测量和核对。

5.6.2 穿透保温层的锚固件、连接筋的规格、数量、设置位置应与工艺文件一致。每工作天抽查不少于 1 件部品，检验方法为观察、测量和核对。

5.6.3 轻质混凝土、保温砂浆的表观密度、强度等级应符合设计要求。每工作班抽样检验不少于一次，检验方法按 GB/T 20473、GB/T 50080、GB/T 50081、GB/T 50107 等现行标准的规定进行。

5.6.4 轻质混凝土、保温砂浆构造层的厚度应符合设计要求。每工作班抽查检验不应少于一次，检验方法为观察、测量、核对。

5.6.5 铺设保温板时应排板，板材竖向拼缝应错位布置，不得使用长度小于 150 mm 的板材。每工作班抽查不少于 3 块/件部品，检验方法为观察、测量。

5.6.6 板材类保温构造的外观质量和尺寸偏差应符合表 6 规定。每工作天抽检不少于 3 件部品，检验方法为观察、测量。

表 6　板材类保温构造外观质量和尺寸允许偏差　　　单位为毫米

序号	项　目	指　标
1	外　观	无油污、断裂，超过 500 mm² 破损
2	保温板间拼缝宽度	≤5
3	保温板面错位	≤2
4	保温板面平整度	≤5
5	拼接保温板长度、宽度	±10
6	拼接保温板对接线差	≤15
7	保温板厚度	−2，+10
8	保温层在部品厚度方向位置	±5
9	保温板与模具四周边框距离	±5

5.6.7 轻质混凝土、保温砂浆夹层保温构造外观质量和尺寸允许偏差应符合表 7 规定。每工作天抽检不少于 3 件混凝土部品，检验方法为查看、测量。

表 7　轻质混凝土、保温砂浆夹层保温构造外观质量和尺寸允许偏差　　　单位为毫米

序号	项　目	指　标
1	外　观	无明显分层、无裂纹
2	表面平整度	≤5
3	保温层在部品厚度方向位置	±5
4	保温板与模具四周边框距离	±5

5.7 装饰构造

5.7.1 装饰材料的品种、型号、规格应与工艺文件一致。每工作天抽检不少于 1 件混凝土部品，检验方法为观察、核对。

5.7.2 采用反打工艺粘贴装饰板（砖）时，应经过工艺试验，确认装饰构造质量满足相关技术规范、标准要求后，方可采用该工艺进行批量生产。

5.7.3 固定装饰板预埋件的品种、型号规格、设置数量、设置位置应与工艺文件一致。每工作天抽检不少于 3 件部品，检验方法为观察、测量、核对。

5.7.4 装饰砂浆层、装饰骨料层的厚度应符合工艺文件要求。每工作班抽检不少于 1 件混凝土部品，检验方法为观察、测量、核对。

5.7.5 铺好的装饰板（砖）与底模应无空隙、悬空，与底模应粘结牢固；转角长边短边都必须按压进模具中，直角卡在一条直线上，不应出现倾斜偏移；分格应横向、纵向成直线，横向、纵向分格条围成的格子应方正，分格条固定牢固、可靠。每工作班抽检不少于 3 件部品，检验方法为观察、测量。

5.8 预装框及预留洞口

5.8.1 预装门框、窗框的品种、型号、规格应与设计文件一致。每工作天抽检不少于 1 件混凝土部品。检验方法为观察、测量、核对。

5.8.2 预装门框、窗框及预留洞口的位置偏差、尺寸偏差应符合工艺文件要求；当工艺文件无规定时，应符合表 8 的规定。每工作班抽查不少于 3 件混凝土部品，检验方法为观察、测量、核对。

表 8 预装框及预留洞口位置及尺寸允许偏差　　　　　　　　单位为毫米

序号	名　称	项　目	指　标
1	门框	水平方向与基准位置距离	±5
		竖直方向与基准位置距离	±5
		厚度方向与基准位置距离	±3
		长度	±3
		宽度	±3
		对角线差	≤5
		竖直边框与水平线垂直度	≤3/1 000
		边框与底模垂直度	≤2/100

序号	名 称	项 目	指 标
2	窗框	水平方向与基准位置距离	±10
		竖直方向与基准位置距离	±10
		厚度方向与基准位置距离	±3
		对角线差	≤5
		竖直边框与水平线垂直度	≤3/1 000
		边框与底模垂直度	≤2/100
3	洞口	水平方向与基准位置距离	±5
		竖直方向与基准位置距离	±5
		对角线差	≤5/1 000
		竖直边框与水平线垂直度	≤3/1 000
		边框与底模垂直度	≤2/100

5.9 返工与修补

5.9.1 生产过程中，工序、零件、组件、半成品、成品出现超出工艺文件或质量标准可接收范围的缺陷，经过返工或返修，能够恢复、保证产品的性能及使用要求，应当对缺陷进行返工或返修。零件、组件、半成品、成品返工或修补后，应逐件检验缺陷项目和缺陷可能影响的性能和功能项目。每天检查一次，检验方法为检查过程质量检验记录、返工/修补记录和返修/修补后检验记录。

5.9.2 钢筋骨架

在混凝土浇注前，钢筋和钢筋骨架有下列情形之一，应返工或返修：

a）钢筋的品种、牌号、规格、数量与工艺文件不符；

b）零件、组件、预埋件的品种、牌号、规格、数量与工艺文件不符；

c）钢筋、钢筋骨架的加工质量不满足工艺文件或技术标准要求；

d）钢筋、钢筋骨架、零件、组件、预埋件的配置位置、固定、保护层支垫不满足工艺文件或技术标准要求；

e）使用了不合格材料。

5.9.3 蜂窝、麻面

有下列情形之一应予修补：

a）非预应力混凝土部品，混凝土表面蜂窝、混凝土疏松深度不超过制品厚度1/3，单块面

积不超过 100 cm², 累积面积不超过所在表面面积的 1/10;

b）预应力混凝土部品，混凝土表面蜂窝、混凝土疏松深度不超过 10 mm，单块面积不超过 100 cm²，累积面积不超过所在表面面积的 1/10;

c）至使用时不处理、覆盖的混凝土表面，单块面积超过 1 cm² 的麻面，且累积长度不超过所在面长度 1/3 的混凝土装配工作面麻面。

5.9.4 粘皮、坍落

有下列情形之一应修补:

a）钢筋混凝土部品，单块面积不超过 100 cm²，累积面积所在表面面积的 1/10，深度不超过 50 mm 的粘皮/坍落;

b）预应力混凝土部品，单块面积不超过 100 cm²，累积面积所在表面面积的 1/20，深度不超过 15 mm 的粘皮、坍落。

5.9.5 碰伤

长度不超过 150 mm，深度不超过 30 mm 的碰伤应予修补。

5.9.6 凹凸

有下列情形之一应修补:

a）装配工作面小于 10 mm 的凹凸;

b）非装配工作面，大于 5 mm 小于 20 mm 的凹凸。

5.9.7 空鼓

累积面积不超过总面积 1/10 的粘结面砖空鼓、脱落应予修补。

5.9.8 装饰面破损、污染

干粘石、水刷石和涂料装饰面不超过总面积 1/20 的掉色、泛碱、掉石、色差等缺陷应予修补。

6 产品质量评定和检验

6.1 质量要求

6.1.1 工艺文件

6.1.1.1 混凝土部品设计标准图集或部品设计文件。其内容应完整、正确，至少应当包括下列内容:

a）设计单位、设计人;

b）混凝土部品名称、使用部位；

c）组成材料名称、规格型号；

d）结构构造及细部尺寸、规格尺寸、装配尺寸及装配尺寸允许偏差、装配要求；

e）混凝土部品性能或功能指标。

6.1.1.2　混凝土部品生产工艺技术规程。其内容应完整，控制参数应完善、合理，应有生产混凝土部品涉及的下列内容：

a）原材料名称、规格或型号、质量要求、贮存要求；

b）钢筋加工、钢筋骨架制作工艺及控制参数；

c）混凝土（或砂浆）拌合物制备工艺及控制参数；

d）模具拆卸、清理、组装及隔离剂涂刷要求；

e）预置件（钢筋骨架、预埋件、保温板、面砖等）、预留孔洞等在模具中的设置要求；

f）预应力张拉工艺及控制参数；

g）成型工艺及控制参数；

h）养护工艺及控制参数；

i）成品搬运、堆放要求。

6.1.2　混凝土强度

混凝土部品的混凝土强度应符合下列规定：

a）混凝土 28 天强度应达到设计强度等级；

b）当设计有明确规定时，脱模时混凝土强度应达到设计要求；当无明确设计要求时，脱模时混凝土强度不得低于混凝土设计强度等级值的 50%；

c）当设计有明确规定时，先张法放张时或后张法张拉时，混凝土强度应达到设计要求；当无明确设计要求时，先张法放张时或后张法张拉时，混凝土强度不得低于混凝土设计等级值的 75%；

d）当设计有明确规定时，产品出厂时混凝土强度不得低于混凝土设计等级值。

6.1.3　外观质量

6.1.3.1　非装饰面

混凝土部品的非装饰面的外观质量应符合表 9 规定。

表 9　非装饰面外观质量

项　目		指　标
裂　纹	预应力混凝土部品	不允许，龟裂除外
	普通混凝土部品	不允许有长度超过 150 mm，或宽度超过 0.05 mm 裂纹
露筋（除预留钢筋外）		主筋不允许有，箍筋不得超过 1 处/块
纤维外露		长度小于 50 mm，且不得超过 1 处/块
蜂窝、粘皮、坍落、夹渣、混凝土疏松		不允许
碰　伤		大于 30 mm×30 mm×20 mm(深度)，不允许
麻面、气孔		超过 50cm², 不允许
缺　边		长度超过 50 mm，或宽度超过 10 mm，不允许
掉　角		大于 20 mm×20 mm×10 mm(深度)，不允许
预留主筋、预留构造筋	品种、牌号、数量	必须与设计一致
	锈　蚀	锈斑不允许
	油　污	不允许
	连接用钢筋弯折	主筋超过 15°不允许，超过 60°不允许
安装用预留钢筋	品种、数量	必须与设计一致
	锈　蚀	锈斑不允许
	油　污	不允许
	弯　折	不允许
安装用预留钢板	数　量	必须与设计一致
	锈　蚀	锈斑不允许
	油　污	不允许
	钢板与背面混凝土缝隙	不允许
	钢板表面翘曲、变形	≥3 mm 不允许

6.1.3.2　饰面板（砖）饰面

混凝土部品饰面板（砖）饰面外观质量应符合表 10 的规定。

表 10　混凝土部品饰面板（砖）装饰外观质量

项　目	指　标
饰面材料的品种、规格、颜色	必须与设计文件一致性
脱落、污染、破损、空鼓	不允许
色　差	不明显

6.1.3.3 涂料饰面

混凝土部品涂料饰面外观质量应符合表 11 的规定。

表 11　涂料饰面外观质量

项 目		指 标
材料及图案	品种、型号、颜色、图案	必须与设计文件一致
涂层均匀性		涂饰应均匀，不得漏涂、透底
咬色、流坠、疙瘩、砂眼、刷纹、起皮、掉粉、泛碱		不允许

6.1.3.4 干粘石、水刷石饰面

混凝土部品干粘石、水刷石饰面外观质量应符合表 12 的规定。

表 12　干粘石、水刷石饰面外观质量

项 目		指 标
材 料	品种、规格、颜色	必须与设计文件一致
脱落、污染、破损		不允许
点状分布		基本均匀
色差、泛碱		不明显

6.1.4 尺寸允许偏差

混凝土部品的尺寸允许偏差应符合表 13 的规定。

表 13　尺寸允许偏差　　　　　　　　　　　　单位为毫米

项 目			指 标
形状尺寸	长度、高度、L 边长、宽度	≤3 000	±5
		>3 000	±10
	厚度	楼梯板、外墙外挂板、叠合梁板、叠合楼层板、叠合屋面板	±5
		其他板类部品	±3
	横截面长度、横截面高度、横截面宽度	<500	±3
		≥500，<1 000	±5
		≥1 000	±10
	对角线差端面对角线差	<1 000	≤5
		≥1 000，<12 000	≤8
		≥12 000，<18 000	≤15
		≥18 000	≤30

项　目			指　标
形状尺寸	端面倾斜 侧面与表面直角度 侧面与端面的直角度	＜500	≤2
		≥500，＜1 000	≤5
		≥1 000	≤10
	弯曲度	普通混凝土部品	≤2/1 000
		预应力混凝土部品	小于0
	角度、线轮廓度	L型部品、弧型部品	≤5/1 000，且不超过10 mm
	板面平整度（非装饰面）		≤3
	侧面弯曲		≤3/1 000，且不超过10 mm
	踏步高		±5
	踏步宽		±3
	踏步竖直面与水平面直角度		≤2
预留主筋	直　径		应与工艺文件一致
	预留长度		0，+10
	间　距		±10
	排　距		±5
预留构造筋	直　径		应与工艺文件一致
	预留长度		0，+10
安装用预留钢筋	直　径		应与工艺文件一致
	间距、排距		±5
	中心位置偏离		≤5
安装用预留钢板	尺　寸		±5
	厚　度		±0.5
	高度方向中心位置偏离、厚度方向中心位置偏离		≤5
预留孔洞	直径或边长	≤100	±2
		≥100	±5
	深度（非穿透孔洞）		±5
	高度方向中心位置偏离、厚度方向中心位置偏离		≤5
预装门框、窗框	对角线差		≤10
	水平、高度方向位置偏离		±10
	厚度方向位置偏离		±5
饰面板（砖）饰面	接缝直线度，mm		≤2
	表面平整度，mm		≤3
	阴阳角方正，mm		≤3
	接缝宽度，mm		≤1
	接缝高低差，mm		≤1

项 目		指 标
涂料饰面、 干粘石、 水刷石饰面	装饰线直线度	≤2
	分色线直线度	≤2
	表面平整度	≤3

6.1.5 构 造

6.1.5.1 钢筋混凝土

6.1.5.1.1 钢筋混凝土构造应符合表 14 的规定。

表 14 钢筋混凝土构造要求 单位为毫米

项 目			指 标
主 筋	直径（或型钢型号）、牌号、数量		必须与设计一致
	保护层厚度		≥保护层最小厚度
	保护层厚度制造偏差 （与设计值）	预应力钢筋	－2，+8
		非预应力钢筋	－2，+15
钢丝（筋）网	钢丝直径		应与设计一致
	网孔尺寸		±10
箍 筋	钢筋品种、直径		应与工艺文件一致
	间 距		±30

6.1.5.1.2 混凝土保护层最小厚度有设计规定时，按设计取值；当无设计规定时，按表 15 规定取值。

表 15 混凝土保护层最小厚度 单位为毫米

环境条件		设计使用年 50 年	
等级	条 件	板、墙、壳	柱、梁
一	室内干燥环境；无侵蚀性静水浸没环境	15	20
二 a	室内潮湿环境；非严寒和非寒冷地区的露天环境； 非严寒和非寒冷地区与无侵蚀性的水或土壤直接接触的环境； 严寒和寒冷地区的冰冻线以下与无侵蚀性的水或土壤直接接触的环境	20	25
二 b	干湿交替环境；水位频繁变动环境；严寒和寒冷地区的露天环境； 严寒和寒冷地区冰冻线以上与无侵蚀性的水或土壤直接接触的环境	25	35
三 a	严寒和寒冷地区冬季水位变动区环境；受除冰盐影响环境；海风环境	30	40
三 b	盐渍土环境；受除冰盐作用环境；海岸环境	40	50

注：设计使用年限为 100 年的混凝土结构，混凝土保护层厚度应按表中的规定增加 40%；当采取有效的表面防护措施时，混凝土保护层厚度可适当减小。

6.1.5.2 保温构造

6.1.5.2.1 混凝土部品保温构造应符合表 16 的规定。

表 16 混凝土部品保温构造

项 目		指 标
保温材料	品 种	必须与设计文件一致
	密度（浆料类、轻质混凝土类）	±15%
保温层厚度，mm		≥0.95 设计厚度
保温层位置	垂直于保温层方向位置偏离	±5
	部品四周边表面至保温层边缘距离偏差	±20
穿透保温层的锚固件、连接筋	品种、规格	必须与设计文件一致性
	间 距	±30
	固定、连接	应牢固
燃烧性能		不低于设计等级

注：当保温材料密度有设计值时，计算测量与设计值的偏差；当没有设计值时，保温材料密度基准值按附表 2 取值。

6.1.5.2.2 保温材料密度基准值按表 17 取值。

表 17 保温材料密度基准值　　　　　　　　　单位为每立方米千克

序号	材 料	密度基准值
1	胶粉聚苯颗粒保温浆料	250
2	膨胀玻化微珠保温砂浆、膨胀珍珠岩保温砂浆、水泥发泡板	300

6.1.6 物理力学性能

混凝土部品物理力学性能应符合表 18 的规定。

表 18 物理力学性能

项 目			指 标
抗冻性	柱、屋面板、叠合屋面板、外墙板、外墙外挂板	温和与夏热冬暖地区	15 次冻融循环	无剥落、起皮、疏松等破坏现象
		夏热冬冷地区	25 次冻融循环	
		寒冷地区	35 次冻融循环	
		严寒地区	50 次冻融循环	
	面砖饰面层、干粘石、水刷石饰面层	严寒地区	冻融循环 50 次	无脱落
		其他地区	冻融循环 25 次	

项 目		指 标
放射性	I_{Ra}	≤1.0
	I_r	≤1.0
面砖粘结强度（MPa）	平均值	≥0.4
	最小值	≥0.3
耐温性（面砖饰面层）		（70±2）℃烘箱中放置 14 d，无脱落
耐水（干粘石、水刷石饰面层）		水淋 7 d，装饰面无脱落、破损，无明显变色、泛碱
耐火极限		不低于设计要求
面密度		±10%标称值
吊挂力		1 000 N 荷载下静置 24 h，板面无宽度超过 0.5 mm 裂纹
热阻（保温型部品）		≥设计值（或标称值）

6.1.7 结构性能

6.1.7.1 抗弯承载力

6.1.7.1.1 部品按标准规定方法加载，在$[\gamma_u]R_d$作用下，不得出现下列情况之一：

　　a）受拉主筋处的最大裂缝宽度达到 1.5 mm；

　　b）挠度达到 $L/50$；

　　c）受压区混凝土破坏。

6.1.7.1.2 抗弯承载力检验系数$[\gamma_u]$按表 19 规定取值。

表 19　抗弯承载力检验系数$[\gamma_u]$

序号	部品受力状态	部品达到承载力破坏形式	部品配置受力主筋类别	检验系数允许值$[\gamma_u]$
1	受 弯	受拉主筋处的最大裂缝宽度达到 1.5 mm，或挠度达到跨度的 1/50	有屈服点钢筋	1.20
			无屈服点钢筋	1.35
		混凝土受压破坏	有屈服点钢筋	1.30
			无屈服点钢筋	1.50
		受拉主筋拉断		1.50
2	受弯构件的受剪	腹部斜裂缝达到 1.5 mm，或斜裂缝末端受压混凝土剪压破坏		1.40
		沿斜截面混凝土斜压破坏，受拉主筋在端部滑脱或其他锚固破坏		1.55
		叠合构件叠合面、接槎处		1.45

6.1.7.2 抗弯抗裂检验

6.1.7.2.1 按标准规定方法加载，在结构构件抗力的设计值（R_d）作用下，不得出现下列情况之一：

    a）混凝土部品裂纹宽度超过表 20 的规定限制；

    b）挠度 $\leq [f_{max}]/\theta$。

6.1.7.2.2 抗弯抗裂检验部品裂纹宽度限值应符合表 20 的规定取值。

表 20 抗弯抗裂检验最大裂纹宽度限值

单位为毫米

环 境 条 件		钢筋混凝土部品	预应力混凝土部品
等级	条 件		
一	室内干燥环境；无侵蚀性静水浸没环境	0.20	0.15
二 a	室内潮湿环境；非严寒和非寒冷地区的露天环境； 非严寒和非寒冷地区与无侵蚀性的水或土壤直接接触的环境； 严寒和寒冷地区的冰冻线以下与无侵蚀性的水或土壤直接接触的环境	0.15	0.07
二 b	干湿交替环境；水位频繁变动环境；严寒和寒冷地区的露天环境； 严寒和寒冷地区冰冻线以上与无侵蚀性的水或土壤直接接触的环境	0.15	不允许有
三 a	严寒和寒冷地区冬季水位变动区环境；受除冰盐影响环境；海风环境	0.15	不允许有
三 b	盐渍土环境；受除冰盐作用环境；海岸环境	0.15	不允许有

6.1.7.2.3 抗弯抗裂检验部品最大挠度限值应符合表 21 的规定取值。

表 21 抗裂检验最大挠度限值[max]

单位为毫米

部品跨度	钢筋混凝土部品	预应力混凝土部品
当 $l_0 < 7$ m 时	$l_0/200$	$l_0/250$
当 $7 \leq l_0 < 9$ m 时	$l_0/250$	$l_0/300$
当 $l_0 \geq 9$ m 时	$l_0/300$	$l_0/400$

6.1.7.2.4 长期荷载作用下对挠度增大影响系数（θ）按表 22 的规定取值。

表 22 长期荷载作用下对挠度增大影响系数（θ）

钢筋混凝土部品		预应力钢筋混凝土部品
$P'=0$	2.0	2.0
$P'=\rho$	1.6	
P' 为 $0 \sim \rho$	$2.0 \sim 1.6$ 采用内插法计算	

    注：1. 翼缘位于受拉区的倒 T 形截面，θ 增加 20%。

        2. $P'= A'_s/(bh_0)$，$\rho = A_s/(bh_0)$。P、ρ：受压区、受拉区配筋率；A'、A：受压区、受拉区纵向钢筋截面面积；b：矩形截面宽度，T 形、I 形截面的腹板宽度；h_0：截面有效高度。

6.1.7.3 抗弯破坏荷载

按标准规定方法加载，在 1.5 倍板重荷载作用下，不得出现下列情况之一：

a）板断裂或受拉区钢筋拉断；

b）受拉区板面裂纹最大宽度达到 1.5 mm；

c）受压区混凝土破坏；

d）挠度达到 $L/50$。

6.1.7.4 抗冲击性

按标准规定方法 30 kg 沙袋冲击 5 次，板正背面无裂纹和其他破坏现象。

6.2 试验方法

6.2.1 检验仪器、设备

检验用仪器、设备的量程、精度应满足检验要求。

6.2.2 工艺文件

6.2.2.1 检查是否有检验部品的设计标准图集或设计文件。部品设计标准图集或设计文件是否有下列内容：设计单位、设计人、部品名称、使用部位、组成材料、组成材料规格型号、产品结构构造、结构构造尺寸、装配尺寸及装配尺寸允许偏差、装配要求、产品性能（或功能）指标。

6.2.2.2 检查是否有检验部品的生产制造工艺文件。当检验的部品涉及时，是否有下列工艺文件：混凝土（或砂浆）性能要求、钢筋及钢筋骨架加工图、预埋件零件图及组装图、保温构造生产制作图。

6.2.2.3 检查采用的部品设计文件是否经有能力单位图审，或者是否经过部品使用建筑的设计单位签字认可。

6.2.3 混凝土强度

混凝土部品混凝土强度评定以生产企业过程检验的混凝土强度检验结果为评定依据，采用检验批对应的混凝土强度检验值，按 GB/T 50107 规定进行混凝土强度评定。

6.2.4 外观质量

6.2.4.1 非装饰面

混凝土部品非装饰面外观质量在光线充足的条件下进行，检验方法按表 23 规定。

表 23 非装饰面外观质量检验方法

项　目		检验方法
裂　纹		观察混凝土部品各表面是否有裂纹。如果有，用 20 倍读数放大镜测量裂纹最大宽度，用钢直尺测量裂纹长度。记录观察、测量结果
露　筋		观察混凝土部品表面是否有露筋和锈斑。如果有，用钢直尺测量露筋长度；有锈斑，分辨不清露筋情况，可用玻璃片刮开表面观察。记录露筋种类、露筋数量、露筋长度
纤维外露		观察部品表面是否有纤维外露。如果有，用钢直尺测量露纤维长度。记录露纤维长度、处数
蜂窝、粘皮、坍落、夹渣、混凝土疏松		观察混凝土部品表面是否有缺陷。如果有，用 20 号钢丝测量缺陷深度，用钢直尺测量缺陷长度、宽度。记录测值。分类计算单块缺陷最大面积和缺陷累积面积
碰　伤		观察混凝土部品表面是否有碰伤。如果有，用钢直尺测量碰伤长度、宽度、深度。记录测值和碰伤处数
麻面、气孔		观察混凝土部品表面是否有缺陷。如果有，用 20 号钢丝测量缺陷深度，用钢直尺测量缺陷长度、宽度。记录测值。分类计算单块缺陷最大面积和缺陷累积面积
缺　边		观察混凝土部品是否有缺边。如果有，用钢直尺测量处理缺陷长度、宽度。记录测值、缺边处数
掉　角		观察混凝土部品表面是否有掉角。如果有，用钢直尺测量掉角长度、宽度、深度。记录测值和掉角处数
预留主筋	品种、牌号、数量	查看钢筋品种、带肋热轧钢筋牌号、数量。记录检查结果
	锈蚀、油污	查看钢筋有无锈蚀、油污，用玻璃片刮锈迹观察有无锈斑。记录检查结果
	弯　折	查看钢筋有无弯折，用量角器测量钢筋弯曲角度。记录测量结果
预留构造筋	品种、数量	查看钢筋品种、数量。记录检查结果
	锈蚀、油污	查看钢筋有无锈蚀、油污，用玻璃片刮锈迹观察有无锈斑。记录检查结果
	弯　折	查看钢筋有无弯折，用量角器测量钢筋弯曲角度。记录测量结果
安装用预留钢筋	品种、数量	查看钢筋品种、带肋热轧钢筋牌号、数量。记录检查结果
	锈蚀、油污	查看钢筋有无锈蚀、油污，用玻璃片刮锈迹观察有无锈斑。记录检查结果
	弯　折	查看钢筋有无弯折，用量角器测量钢筋弯曲角度。记录测量结果
安装用预留钢板	数　量	查看预埋钢板数量。记录检查结果
	锈蚀、油污	查看钢筋有无锈蚀、油污，用玻璃片刮锈迹观察有无锈斑。记录检查结果
	钢板与背面混凝土缝隙	观察钢板与背面混凝土缝隙，用塞尺测量缝隙宽度。记录测量结果
	钢板表面翘曲、变形	观察钢板有无翘曲、变形，用靠尺和塞尺测量变形。记录测量结果

6.2.4.2　饰面板（砖）饰面

混凝土部品饰面板（砖）饰面的外观质量检验方法按表 24 的规定。

表 24 饰面板（砖）饰面外观质量检验方法

项 目	检验方法
饰面材料的品种、规格、颜色	查看，对照工艺文件（或合同）核对
脱落、污染、破损	查看，缺陷用钢直尺测量缺陷尺寸
空 鼓	用空鼓检验专用榔头检查，标注、用钢直尺测量缺陷尺寸
色 差	将 2～10 块检验样品排在一起，在距离 1 m 左右位置观察，观察饰面是否存在色差；对照标准板比较，检验样品与标准板是否存在色差

6.2.4.3 涂料饰面

混凝土部品涂料饰面质量检验方法按表 25 的规定。

表 25 混凝土部品涂料饰面质量检验方法

项 目		试验方法
材料及图案	品种、型号、颜色、图案	将混凝土部品理放或排放，在正常亮度条件下，查看装饰面，检查核对涂料品种、型号、颜色、图案是否与工艺文件（或合同）一致
涂层均匀性		将混凝土部品理放或排放，在正常亮度条件下，查看装饰面是否均匀，有无漏涂、透底；如果有用钢直尺测量缺陷尺寸
咬色、流坠、疙瘩、砂眼、刷纹、起皮、掉粉、泛碱		将混凝土部品理放或排放，在正常亮度条件下，查看装饰面是否有咬色、流坠、疙瘩、砂眼、刷纹、起皮、掉粉、泛碱。如果有用钢直尺测量缺陷尺寸

6.2.4.4 干粘石、水刷石饰面

混凝土部品干粘石、水刷石饰面的外观质量检验方法按表 26 的规定。

表 26 干粘石、水刷石饰面外观质量检验方法

项 目		检验方法
材料	品种、规格、颜色	将混凝土部品理放或排放，在正常亮度条件下，查看装饰面，检查核对装饰材料品种、规格、颜色是否与工艺文件（或合同）一致
脱落、污染、破损		将混凝土部品理放或排放，在正常亮度条件下，查看装饰面是否均匀，有无脱落、污染、破损；如果有用钢直尺测量缺陷尺寸
点状分布		将混凝土部品理放或排放，在正常亮度条件下，查看装饰面是否细石分布是否均匀，如有缺陷，用钢直尺测量缺陷尺寸
色差、泛碱		将混凝土部品理放或排放，在正常亮度条件下，查看装饰面是否有色差、泛碱；如果有用钢直尺测量缺陷尺寸

6.2.5 尺寸允许偏差

6.2.5.1 部品形状尺寸

混凝土部品形状尺寸偏差检验方法按表 27 规定进行。

表 27　形状尺寸偏差检验方法

项　　目	部品类别	检验方法
长度（高度）	方　型	在混凝土部品两端，用卷尺测量两侧面中部（A、B、C、D点）柱长度值，1件混凝土部品测 2 个值。计算测值与长度标称值之差 图 1　长度测量
	平　板	在板长度（或高度）两端宽度方向距板边 100 mm 和中部，用卷尺测量板长度，1 张板测 3 个值。计算测值与长度标称值差值 图 2　长度测量
	L 型板	在板长度（或高度）两端宽度方向距板边 100 mm 和转角处，用卷尺测量板长度，1 张板测 3 个值。计算测值与长度标称值差值 图 3　长度测量
宽　度	平　板	在板宽度两端长度方向距板边 100 mm 和中部，用卷尺测量板宽度，1 张板测 3 个值。计算测值与宽度标称值差值 图 4　宽度测量
L 边长	L 型板	在板 L 边两端高度方向距板边 100 mm 和中部，用卷尺分别测量两 L 边长度，1 张板每个 L 边测 3 个值。分别计算测值与 L 边长度标称值差值 图 5　L 边长度测量
厚　度	平　板	在板四周边中部，距板边 100 mm 处，用外径千分尺测量板厚，1 张板测四个值。计算测值与厚度标称值之差 图 6　厚度测量

25

项　目	部品类别	检验方法
厚　度	L 型板	在板长度（或高度）方向中部和距 L 角 100 mm，距板边 100 mm 处，用外径千分尺测量板厚，1 张板测 4 个值。计算测值与厚度标称值之差 图 7　L 板厚度测量
	楼梯板	在梯板宽度一端部长度方向两端第一踏步和中部踏步，用钢直尺测量踏步阴角至梯板背面的距离，1 张梯板测 3 个值。计算测值与厚度标称值之差 图 8　楼梯板厚度测量
横截面长度、横截面高度、横截面宽度	方　型	在混凝土部品一侧与上表面长度方向距端面 100 mm 和中部，用钢直尺分别测量部品横截面长度（或高度）与宽度，1 件部品长度（高度）、宽度各测 3 个值。分别计算测值与标称值差值 图 9　梁、柱截面尺寸测量
对角线差	楼梯板	将楼梯板侧立放置，用卷尺测量板梯板背面两条对角线长度，计算两条对角线测值之差
	其他板	用卷尺测量板大面两条对角线长度，计算两条对角线测值之差
端面对角线差	方　型	在混凝土部品端面用卷尺测量端面两条对角线长度。分别计算两端面两条对角线差值
端面倾斜	方　型	将宽坐直角尺一边放在部品长度方向一非浇注面（或侧面）中部，且与混凝土部品长度轴线平行，另一边放在端面，压紧直角尺紧贴表面，用塞尺测量直角尺两直角边与混凝土部品表面边缘最大缝隙。测量柱（或梁）两端面，共测 2 个值 图 10　端面倾斜测量

项　目	部品类别	检验方法
侧面与表面直角度	板类	将板平放，在板长度的两端距离 100 mm 及中部，将宽坐直角尺一边放在板上表面，另一边放在板侧面，直角尺沿平行于板宽度方向放置，并压紧紧贴板面，用塞尺测量直角尺的直角边与板面边缘最大缝隙。测量板两个侧面，共测 6 个测值 图 11　侧面与表面直角度测量
端面与侧面直角度	弧形板	任选一角将 400 mm×630 mm 直角尺紧靠侧面和端面中部，用钢直尺测量直角尺边与混凝土部品最大间隙处间隙；测量一对对角 图 12　侧面与端面直角度测量
弯曲度	柱、受弯部品	在混凝土部品两端侧面与底面的交角处，将细拉线压在角上拉直绷紧，用钢直尺测量混凝土部品中间部位底面与拉线之间距离；底面在拉线之下计为正值，底面在拉线之上计为负值；测量混凝土部品两侧面。计算测值的算数平均值 上表面　拉线　侧面 图 13　弯曲度测量
角　度	L 型部品	在高度方向距端面 100 mm 和中部，将与部品设计角度相同角度角度尺紧贴 L 板内角，用钢直尺测量靠模与部品表面的最大间隙，测三个值。分别计算测值与标称值差值 图 14　角度测量

项　目	部品类别	检验方法
线轮廓度	弧形板	在高度方向距端面 100 mm 和中部，将与混凝土部品设计弧形相同弧形靠模紧贴弧型板外表面，用钢直尺测量靠模与部品表面的最大间隙，测 3 个值。分别计算测值与标称值差值 图 15　线轮廓度测量
板面平整度（非装饰面）	板类	2 m 长靠尺放在板面，滑动靠尺，观察、寻找靠尺与板面最大缝隙处，用塞尺测量靠尺与表面的最大缝隙。记录测量结果 图 16　板面平整度测量
侧面弯曲	板类	将板平放，在板长度的两端侧面端部边线的中部，各放一块厚度相等的垫块，将细拉线压在垫块上拉直绷紧，观察拉线与侧面最大和最小距离处，用钢直尺测量拉线与板面距离；测量板两侧面。计算测值与垫块厚度差值的绝对值 图 17　侧面弯曲测量
踏步高、踏步宽	楼梯板	在长度方向两端第一踏步和中部距端面 100 处，用钢直尺分别测量踏步高度、踏步宽度，1 张梯板各测 3 个值。计算测值与标称值之差 图 18　楼梯板梯步尺寸测量
踏步竖直面与水平面直角度	楼梯板	在梯板宽度一端部长度方向两端第一踏步和中部踏步，将宽坐直角尺直角靠在踏步中部的踏步阳角上，直角尺一边贴紧梯步表面压紧，用塞尺测量直角尺另一边与梯步表面边缘的最大缝隙，1 张梯板测 3 个值

项　目	部品类别	检验方法
直　径	预留主筋、预留构造筋、安装用预留钢筋	各种钢筋均各任选 1 根，用游标卡尺测量钢筋直径，测量方法按钢材产品标准规定。计算测值与公称尺寸之差。计算直径偏差值在钢材产品标准对应直径钢筋的直径偏差值范围内，则使用钢筋直径与工艺文件一致；否则使用钢筋直径与工艺文件不一致
预留长度		选择最短预留钢筋，用钢直尺测量钢筋预留长度
间　距		观察同一排钢筋中同一设计间距的钢筋，其最小间距和最大间距部位，用钢直尺测量钢筋间距。计算测值与设计值之差
排　距		画出每批钢筋中心位置线，用钢直尺测量相邻两排钢筋中心位置线距离。计算测值与设计值之差
中心位置偏离		确定预留钢筋中心位置，用钢直尺分别横向、纵向预留钢筋中心位置与基准位置距离。计算测值与标称值之差的绝对值
尺　寸	安装用预留钢板	**圆型**：用游标卡尺测量分别预留钢板相互垂直两处直径。计算测值与标称值之差。 在每块预留钢板任选一处，用钢直尺测量钢板厚度。计算测值与标称值之差。 **多边型**：用钢直尺测量预留钢板每边长度。分别计算测值与标称值之差。 在每块预留钢板任选一处，用钢直尺测量钢板厚度。计算测值与标称值之差
中心位置偏离		测量确定预留钢板中心位置、预留钢板安装位置基准点，用钢直尺分别预留钢板中心位置与其安装位置基准点在板厚方向、高度方向的相对距离。分别计算测值与标称值之差的绝对值 图 19　预埋件位置测量
尺　寸	预留孔洞	**圆型孔**：用游标卡尺测量分别预留孔相互垂直两处直径。计算测值与标称值之差。 用深度游标卡尺测量非穿透孔洞深度，每个孔测个值。计算测值与标称值之差。 **多边型孔**：用钢直尺测量孔口孔每边长度。分别计算测值与标称值之差。 用深度游标卡尺测量非穿透孔洞深度，每个孔测个值。计算测值与标称值之差
中心位置偏离		按图示方法确定预留孔洞中心位置，用钢直尺分别预留钢板中心位置与其安装位置基准点在板厚方向、高度方向的相对距离。分别计算测值与标称值之差的绝对值 图 20　预留孔洞位置测量

项 目	部品类别	检验方法
对角线		用钢直尺测量预装门框、窗框外角两对角线长度。计算两测值之差的绝对值
位置偏离	预装门框、窗框	**高度方向**：用卷尺测量预装门框、窗框竖直方向两边框长度，在预装框上测量标出 1/2 测值位置；用卷尺测量标示位置与安装位置基准点竖向距离。计算测值与标称值之差。 **水平方向**：用卷尺测量预装门框、窗框水平方向两边框长度，在预装框上测量标出 1/2 测值位置；用卷尺测量标示位置与安装位置基准点水平方向距离。计算测值与标称值之差 **厚度方向**：用钢直尺测量预装门框、窗框宽度，在预装框上测量标出 1/2 测值位置；用钢直尺测量标示位置与安装位置基准线距离。计算测值与标称值之差 图 21 预装门框、窗框洞位置测量
接缝直线度		观察选择直线度最差的接缝，在两端接缝边缘压紧拉线拉直，观察接缝与拉线最大偏离处，用钢直尺测量接缝与拉线最大偏离距离
表面平整度	饰面板（砖）饰面	将 2 m 长靠尺放在饰面滑动寻找靠尺与板面最大缝隙处，用塞尺测量最大缝隙值
阴阳角方正		将 400 mm×630 mm 直角尺靠在阴角、阳角任意一处，用塞尺测量直角尺边与装饰面最大缝隙值
接缝宽度		观察接缝最大、最小宽度位置，用游标卡尺测量接缝最大、最小宽度值；计算接缝最大宽度测值与最小宽度测值之差
接缝高低差		观察接缝最大高低差位置，将钢直尺垂直压紧在面砖表面，用游标卡尺测量钢直尺上面至接缝低测面砖表面的距离，计算测值与钢直尺宽度之差
装饰线直线度、分色线直线度	涂料饰面、干粘石、水刷石饰面	在直线装饰线（分色线）两端装饰线（分色线）边缘压紧拉线拉直，观察装饰线（分色线）与拉线最大偏离处，用钢直尺测量最大偏离处装饰线（分色线）与拉线最大偏离距离
表面平整度		将 2 m 长靠尺放在饰面滑动寻找靠尺与板面最大缝隙处，用塞尺测量最大缝隙值

6.2.6 构 造

6.2.6.1 钢筋混凝土

钢筋混凝土构造检验用结构性能试验后的部品，检验方法按表 28 的规定进行。

表 28　钢筋混凝土构造检验方法

项　目		检验方法
牌号、数量	主筋	1. 在混凝土部品长度（高度）两端距端部 500 mm 及中部，凿开混凝土保护层露出主受力钢筋（或型钢）。 2. 查看配置主筋外形、数量，热轧带肋钢筋牌号。 3. 用深度游标卡尺测量部品表面至主受力钢筋（或型钢）表面距离；1 个部品测量 3 点。计算测值与设计值之差。 4. 任选 1 根各种柱筋，用游标卡尺测量钢筋直径（或型钢断面尺寸），测量方法按钢材产品标准规定。计算测值与公称尺寸之差
直径 （或型钢型号）		
保护层厚度、 保护层厚度制造 偏差(与设计值)		
直径、 网孔尺寸	钢丝网	在混凝土部品上任选一处凿开表面混凝土露出钢丝网片，任选 1 根钢丝，用游标卡尺测量钢丝直径，测量 1 处；用游标卡尺测量钢丝网片一个网孔横向、纵向中部网孔尺寸。计算直径测值与公称尺寸之差。计算网孔尺寸测值与标称值之差
品种、直径、 间距	箍筋	在混凝土部品表面任选一处凿开露箍筋，查看箍筋品种；任选 1 箍筋，用游标卡尺测量钢丝直径，测量 1 处；任选相邻 3 个箍筋，用钢直尺测量中间箍筋与两侧箍筋距离，1 个部品测量二个值。计算直径测值与公称尺寸之差。计算间距测值与标称值之差

6.2.6.2　保温构造

保温构造检验用结构性能试验后部品，检验方法按表 29 的规定进行。

表 29　混凝土部品保温构造质量检验方法

项　目	检验方法
品　种	1. 在混凝土部品上均匀分布、相互间距不小于 500 mm 钻穿制品取下 $\phi 100$ 的试件 3 块，清除芯样上的浮浆、粉尘等杂物。 2. 查看芯样保温层材料的品种，确认是否与设计或标称一致。 3. 用钢直尺测量每个芯样的保温层厚度，1 个芯样测量 1 个值共测 3 个值；计算测量值的平均值与标称值比值。 4. 用钢直尺测量每个芯样除保温层外其他各构造层厚度，计算测值与标称值之差。
保温层厚度	
垂直于保温层方向位置偏离	
密　度	5. 将芯样放在烘箱中，在（60±2）℃ 条件下烘干至恒重，冷却。用不低于芯样质量 0.1% 的电子秤称每个芯样质量（G_1），用排砂体积测量法测量出芯样的体积(V_1)，在不损坏其他构造层的条件下，去除芯样保温层材料。用电子秤称取芯样质量（G_2），用排砂体积测量法测量出芯样的体积(V_2)按公式（$G_1 - G_2$）/（$V_1 - V_2$）计算保温层材料密度，以三个试件保温层材料密度的平均值与标称值之差作为检验结果，计算结果精确到 1 kg/m^3
板四周边表面至保温层边缘距离偏差	在板四周边中部位置，凿开边部保温层的覆盖层，用深度游标卡尺测量制品外表面至保温层边缘的距离，计算测值与标称值之差
穿透保温层的锚固件、连接筋的固定、连接和间距	1. 凿开部品保温层覆盖层露出锚固件或连接筋。 2. 检查锚固件、连接筋的连接方式是否与工艺文件一致，连接/固定是否牢固。 3. 用钢直尺测量锚固件或连接筋之间横向、纵向间距各 1 个值，分布计算测值与标称值之差

注：排砂体积测量法：

1. 将天然砂或石英在（100±2）℃ 条件下烘干至恒重，用 80 目和 120 目筛孔尺寸筛子筛除大于 80 目和小于 120 目的颗粒制得试验用砂。将砂填充满已知体积容器（V_1），振动容器密实填满砂并刮平；用不低于秤样质量 0.1% 的电子秤称(砂+容器)质量（G_1），到掉砂后称出容器质量（G_2），重复以上过程 3 次；按公式（$G_1 - G_2$）/V_1 计算砂紧密堆积密度，以三次测量结果的算数平均值作为砂紧密堆积密度（ρ），计算结果精确到 1 kg/m^3。

2. 选用能够盛装芯样容量桶，将砂填充满，振动容器密实填满砂并刮平；用不低于秤重质量 0.1% 的电子秤称(砂+容器)质量（G_3）；清空容重桶，将芯样放入容重桶，填满砂，振动容器密实填满砂并刮平，到掉砂后称出容重桶质量（G_4），重复以上过程 3 次；按公式（$G_3 - G_4$）/ρ 计算芯样体积（V_2），以三次测量结果的算数平均值作为容重桶体积，计算结果精确到 1 cm^3。

6.2.7 物理力学性能

混凝土部品物理性能检验方法按表30的规定进行。

表30 物理性能检验方法

项　目	检验方法
抗冻性	在混凝土部品上切割500 mm×500 mm×部品厚度试件3块，断面为多层构造混凝土部品切割面采用与面层相同材料或防水材料可靠密封，冻融试验方法按GB/T 50082 的规定，冻融循环次数按设计文件或本标准规定。试件冻融后，观察试件有无剥落、起皮、疏松等破坏现象
放射性	在结构性能试验后的混凝土部品上去5升左右试块作检验样品。制样时应去除钢筋和有机块状材料，当试样为多组分材料，制样时各组分重量比应与部品中的重量比基本一致。制样和试验按GB 6566 的规定进行
耐火极限	按GB/T 9978.3 的规定进行
面砖粘结强度	任选1件混凝土部品按JGJ 110—2008 的规定进行
耐温性（面砖饰面层）	在1件混凝土部品上切割500 mm×500 mm 一块，共切割三块为1组。清理干净试件，检查装饰面有无破损、装饰板（砖）有无松动，如果有做好标记。将试件放入(70±2)℃鼓风烘箱中14 d，取出冷却后，检查装饰面有无破损、装饰板（砖）松动、脱落现象
耐水（干粘石、水刷石饰面层）	任选1件混凝土部品装饰面向上倾斜放置，用水均匀喷淋装饰面，1天喷淋5次，每次喷淋20 min，连续喷淋7天。喷淋后观察装饰面有无脱落、破损，无明显变色、泛碱
面密度	按6.2.5.1 规定方法测量板长度、宽度，以测量长度、宽度平均值计算出板面面积；用精度不低于板自重1%的称量设备称量板重。计算板自重与板面面积的比值，精确到10 kg/m^2
吊挂力	按GB/T 19631 的规定进行
热　阻	按GB/T 13475 的规定进行

6.2.8 结构性能

混凝土部品结构性能检验方法按表31的规定进行。

表31 结构性能检验方法

项　目	检验方法
抗弯承载力	按GB/T 50204 的规定进行
抗弯抗裂检验	按GB/T 50204 的规定进行
抗弯破坏荷载	按GB/T 50204 抗弯试验方法的规定进行
抗冲击性	按GB/T 19631 规定

6.3 检验分类

6.3.1 检验分为出厂检验、型式检验。

6.3.2 混凝土部品出厂前，必须经出厂检验合格，并出具产品检验合格证方可出厂。

6.3.3 有下列情况之一时，混凝土部品应进行型式检验：

a）新产品定型鉴定；

b）正式生产后，原材料、工艺有较大改变时；

c）正常生产时，每生产1 000件，或生产量虽不足1 000件，但生产时间满6个月进行一次；耐火极限、热阻2年检验一次；

d）出厂检验结果与上次型式检验结果有较大差异时；

e）产品停产6个月以上，恢复生产时；

f）国家质量监督部门提要求时。

6.4 组批、抽样

6.4.1 混凝土部品质量验收分为全数检验验收和批量验收。当同一类别、规格的混凝土部品生产量或同一工程使用量不超过10件时，混凝土部品质量验收采用全数检验验收；当同一类别、规格的混凝土部品生产量或同一工程使用量超过10件时，混凝土部品质量验收应组成检验批，按批验收。

6.4.2 混凝土部品按同种产品、同一型号和规格、同一技术指标、相同原材料和生产工艺生产的产品进行组批。各种混凝土部品每1 000件为一个检验批，不足1 000件也可作为一个检验批。

6.4.3 各检验项目样品数量和试件尺寸见表32。

表32　各检验项目样品数量和试件尺寸

序号	项　　目		样品/试样尺寸	样品/试样数量
1	外观质量	制品非装饰表面	整件产品	10
2		预留主筋	整件产品	10
3		预留构造筋	整件产品	10
4		非装饰面	整件产品	10
5		装饰面	整件产品	10
6	尺寸允许偏差		整件产品	10
7	构造要求	预留主筋	整件产品	10
8		预留构造筋	整件产品	10
9		钢筋网片	整件产品	1
10		构造筋	整件产品	1

序号	项目		样品/试样尺寸	样品/试样数量
11	构造要求	主筋	整件产品	1
12		主筋保温层厚度	整件产品	1
13		主筋保护层制造偏差	整件产品	1
14		与设计一致性	整件产品	1
15		保温层厚度	整件产品	1
16		保温层位置偏差	整件产品	1
17		穿透保温层的锚固件、连接筋	整件产品	1
18	物理性能	抗冻性	500 mm × 500 mm × 制品厚度	3
19		抗冻性（面砖）	500 mm × 500 mm × 制品厚度	3
20		耐水性	整件部品	3
21		耐温性	500 mm × 500 mm × 制品厚度	3
22		饰面板（砖）粘结强度	整件产品	1
23		放射性	15 kg	1
24		甲醛释放量	1.5 m^2	1
25		吊挂力	整块/件产品	1
26		面密度	整块/件产品	3
27		热阻	1 800 mm × 1 800 mm × 制品厚度	1
28		耐火极限	整件产品	1
29		燃烧性能	整件产品	1
30	结构性能	抗弯承载力	整件产品	1
31		抗弯抗裂检验	整件产品	1
32		抗弯破坏荷载	整件产品	1
33		轴向荷载	整件产品	1
34		抗冲击性	整件产品	1

6.5 检验项目

6.5.1 出厂检验

各类混凝土部品出厂检验的检验项目按表33的规定。

表 33　混凝土部品出厂检验检验项目

序号	部品类别	检验项目
1	柱	**外观质量**（6.1.3 条规定中所检混凝土部品涉及的所有内容）、**尺寸允许偏差**（1. 方型柱：长度、横截面长度、横截面宽度、端面倾斜、端面对角线差、弯曲度及除形状出厂外 6.1.4 条规定中所检混凝土部品涉及的所有内容；2. 平板型墙柱：高度、宽度、厚度、弯曲度、对角线差、板面平整度、侧面与表面直角度、侧面弯曲以及除形状出厂外 6.1.4 条规定中所检混凝土部品涉及的所有内容；3. L 型墙柱：高度、L 边长度、厚度、L 角角度、对角线差、侧面与表面直角度、板面平整度、侧面弯曲以及除形状出厂外 6.1.4 条规定中所检混凝土部品涉及的所有内容；4. 弧形墙柱：高度、宽度、厚度、弯曲度、侧面与端面直角度、线轮廓度、侧面弯曲以及除形状出厂外 6.1.4 条规定中所检混凝土部品涉及的所有内容）、**主筋保护层厚度、主筋保护层厚度制造偏差、保温材料品种**（保温型部品）、**保温层厚度**（保温型部品）
2	梁、叠合梁	**外观质量**（6.1.3 条规定中所检混凝土部品涉及的所有内容）、**尺寸允许偏差**（长度、横截面长度、横截面宽度、端面倾斜、端面对角线差、弯曲度及除形状出厂外 6.1.4 条规定中所检混凝土部品涉及的所有内容）、**主筋保护层厚度、主筋保护层厚度制造偏差、抗弯抗裂检验、保温材料品种**（保温型部品）、**保温层厚度**（保温型部品）
3	楼层板、屋面板、叠合楼层板、叠合屋面板	**外观质量**（6.1.3 条规定中所检混凝土部品涉及的所有内容）、**尺寸允许偏差**（长度、宽度、厚度、弯曲度、对角线差、板面平整度、侧面弯曲以及除形状出厂外 6.1.4 条规定中所检混凝土部品涉及的所有内容）、**主筋保护层厚度、主筋保护层厚度制造偏差、抗弯抗裂检验、抗弯承载力、保温材料品种**（保温型部品）、**保温层厚度**（保温型部品）
4	外墙板	**外观质量**（6.1.3 条规定中所检混凝土部品涉及的所有内容）、**尺寸允许偏差**（1. 平板：高度、宽度、厚度、对角线差、板面平整度、侧面与表面直角度、侧面弯曲以及除形状出厂外 6.1.4 条规定中所检混凝土部品涉及的所有内容；2. L 型板：高度、L 边长度、厚度、L 角角度、对角线差、侧面与表面直角度、板面平整度、侧面弯曲以及除形状出厂外 6.1.4 条规定中所检混凝土部品涉及的所有内容；3. 弧形板：高度、宽度、厚度、侧面与端面直角度、线轮廓度、侧面弯曲以及除形状出厂外 6.1.4 条规定中所检混凝土部品涉及的所有内容）、**主筋保护层厚度、主筋保护层厚度制造偏差、面密度、面砖粘结强度**（饰面板（砖）饰面部品）、**抗弯破坏荷载**（平板）、**抗冲击性、保温材料品种**（保温型部品）、**保温层厚度**（保温型部品）
5	外墙外挂板	**外观质量**（6.1.3 条规定中所检混凝土部品涉及的所有内容）、**尺寸允许偏差**（1. 平板：高度、宽度、厚度、对角线差、板面平整度、侧面与表面直角度、侧面弯曲以及除形状出厂外 6.1.4 条规定中所检混凝土部品涉及的所有内容；2. L 型板：高度、L 边长度、厚度、L 角角度、对角线差、侧面与表面直角度、板面平整度、侧面弯曲以及除形状出厂外 6.1.4 条规定中所检混凝土部品涉及的所有内容；3. 弧形板：高度、宽度、厚度、侧面与端面直角度、线轮廓度、侧面弯曲以及除形状出厂外 6.1.4 条规定中所检混凝土部品涉及的所有内容）、**主筋保护层厚度、主筋保护层厚度制造偏差、面密度、面砖粘结强度**（饰面板（砖）饰面部品）、**抗弯破坏荷载**（平板）、**保温材料品种**（保温型部品）、**保温层厚度**（保温型部品）

序号	部品类别	检验项目
6	内墙板	外观质量（6.1.3 条规定中所检混凝土部品涉及的所有内容）、尺寸允许偏差（1. 平板：高度、宽度、厚度、对角线差、板面平整度、侧面与表面直角度、侧面弯曲以及除形状出厂外 6.1.4 条规定中所检混凝土部品涉及的所有内容；2. L 型板：高度、L 边长度、厚度、L 角角度、对角线差、侧面与表面直角度、板面平整度、侧面弯曲以及除形状出厂外 6.1.4 条规定中所检混凝土部品涉及的所有内容；3. 弧形板：高度、宽度、厚度、侧面与端面直角度、线轮廓度、侧面弯曲以及除形状出厂外 6.1.4 条规定中所检混凝土部品涉及的所有内容）、主筋保护层厚度、主筋保护层厚度制造偏差、面密度、面砖粘结强度（饰面板（砖）饰面部品）、吊挂力、抗弯破坏荷载（平板）、抗冲击性、保温材料品种（保温型部品）、保温层厚度（保温型部品）
7	楼梯板	外观质量（6.1.3 条规定中所检混凝土部品涉及的所有内容）、尺寸允许偏差（长度、宽度、厚度、踏步高、踏步宽、侧面直线度、对角线差、踏步直角度以及除形状出厂外 6.1.4 条规定中所检混凝土部品涉及的所有内容）、主筋保护层厚度、主筋保护层厚度制造偏差、抗弯破坏荷载（平板）

6.5.2 型式检验

混凝土部品型式检验项目按表 34 的规定。

表 34 混凝土部品型式检验检验项目

序号	部品类别	检验项目
1	柱	外观质量（6.1.3 条规定中所检混凝土部品涉及的所有内容）、尺寸允许偏差（1. 方型柱：长度、横截面长度、横截面宽度、端面倾斜、端面对角线差、弯曲度及除形状出厂外 6.1.4 条规定中所检混凝土部品涉及的所有内容；2. 平板型墙柱：高度、宽度、厚度、弯曲度、对角线差、板面平整度、侧面与表面直角度、侧面弯曲以及除形状出厂外 6.1.4 条规定中所检混凝土部品涉及的所有内容；3. L 型墙柱：高度、L 边长度、厚度、L 角角度、对角线差、侧面与表面直角度、板面平整度、侧面弯曲以及除形状出厂外 6.1.4 条规定中所检混凝土部品涉及的所有内容；4. 弧形墙柱：高度、宽度、厚度、弯曲度、侧面与端面直角度、线轮廓度、侧面弯曲以及除形状出厂外 6.1.4 条规定中所检混凝土部品涉及的所有内容）、主筋保护层厚度、主筋保护层厚度制造偏差、保温材料品种（保温型部品）、浆料或轻质混凝土保温材料密度（保温型部品）、保温层厚度（保温型部品）、耐火极限（保温型部品）、放射性
2	梁、叠合梁	外观质量（6.1.3 条规定中所检混凝土部品涉及的所有内容）、尺寸允许偏差（长度、横截面长度、横截面宽度、端面倾斜、端面对角线差、弯曲度及除形状出厂外 6.1.4 条规定中所检混凝土部品涉及的所有内容）、主筋保护层厚度、主筋保护层厚度制造偏差、抗弯抗裂检验、抗弯承载力、保温材料品种（保温型部品）、浆料或轻质混凝土保温材料密度（保温型部品）、保温层厚度（保温型部品）、耐火极限（保温型部品）、放射性
3	楼层板、屋面板、叠合楼层板、叠合屋面板	外观质量（6.1.3 条规定中所检混凝土部品涉及的所有内容）、尺寸允许偏差（长度、宽度、厚度、弯曲度、对角线差、板面平整度、侧面与表面直角度、侧面弯曲以及除形状出厂外 6.1.4 条规定中所检混凝土部品涉及的所有内容）、主筋保护层厚度、主筋保护层厚度制造偏差、抗弯抗裂检验、抗弯承载力、保温材料品种（保温型部品）、浆料或轻质混凝土保温材料密度（保温型部品）、保温层厚度（保温型部品）、耐火极限（保温型部品）、热阻（保温型部品）、放射性

序号	部品类别	检验项目
4	屋面板	**外观质量**（6.1.3 条规定中所检混凝土部品涉及的所有内容）、**尺寸允许偏差**（长度、宽度、厚度、弯曲度、对角线差、板面平整度、侧面弯曲以及除形状出厂外 6.1.4 条规定中所检混凝土部品涉及的所有内容）、**主筋保护层厚度、主筋保护层厚度制造偏差、抗弯抗裂检验、抗弯承载力、保温材料品种**（保温型部品）、**浆料或轻质混凝土保温材料密度**（保温型部品）、**保温层厚度**（保温型部品）、**热阻**（保温型部品）、**抗冻性、放射性**
5	外墙板	**外观质量**（6.1.3 条规定中所检混凝土部品涉及的所有内容）、**尺寸允许偏差**（1. 平板：高度、宽度、厚度、对角线差、板面平整度、侧面与表面直角度、侧面弯曲以及除形状出厂外 6.1.4 条规定中所检混凝土部品涉及的所有内容；2. L 型板：高度、L 边长度、厚度、L 角角度、对角线差、侧面与表面直角度、板面平整度、侧面弯曲以及除形状出厂外 6.1.4 条规定中所检混凝土部品涉及的所有内容；3. 弧形板：高度、宽度、厚度、侧面与端面直角度、线轮廓度、侧面弯曲以及除形状出厂外 6.1.4 条规定中所检混凝土部品涉及的所有内容）、**主筋保护层厚度、主筋保护层厚度制造偏差、面密度、面砖粘结强度**（饰面板（砖）饰面部品）、**抗弯破坏荷载**（平板）、**抗冲击性、保温材料品种**（保温型部品）、**浆料或轻质混凝土保温材料密度**（保温型部品）、**保温层厚度**（保温型部品）、**热阻**（保温型部品）、**耐火极限**（保温型部品）、**抗冻性、放射性**
6	外墙外挂板	**外观质量**（6.1.3 条规定中所检混凝土部品涉及的所有内容）、**尺寸允许偏差**（1. 平板：高度、宽度、厚度、对角线差、板面平整度、侧面与表面直角度、侧面弯曲以及除形状出厂外 6.1.4 条规定中所检混凝土部品涉及的所有内容；2. L 型板：高度、L 边长度、厚度、L 角角度、对角线差、侧面与表面直角度、板面平整度、侧面弯曲以及除形状出厂外 6.1.4 条规定中所检混凝土部品涉及的所有内容；3. 弧形板：高度、宽度、厚度、侧面与端面直角度、线轮廓度、侧面弯曲以及除形状出厂外 6.1.4 条规定中所检混凝土部品涉及的所有内容）、**主筋保护层厚度、主筋保护层厚度制造偏差、面密度、面砖粘结强度**（饰面板（砖）饰面部品）、**抗弯破坏荷载**（平板）、**保温材料品种**（保温型部品）、**浆料或轻质混凝土保温材料密度**（保温型部品）、**保温层厚度**（保温型部品）、**热阻**（保温型部品）、**耐火极限**（保温型部品）、**抗冻性、放射性**
7	内墙板	**外观质量**（6.1.3 条规定中所检混凝土部品涉及的所有内容）、**尺寸允许偏差**（1. 平板：高度、宽度、厚度、对角线差、板面平整度、侧面与表面直角度、侧面弯曲以及除形状出厂外 6.1.4 条规定中所检混凝土部品涉及的所有内容；2. L 型板：高度、L 边长度、厚度、L 角角度、对角线差、侧面与表面直角度、板面平整度、侧面弯曲以及除形状出厂外 6.1.4 条规定中所检混凝土部品涉及的所有内容；3. 弧形板：高度、宽度、厚度、侧面与端面直角度、线轮廓度、侧面弯曲以及除形状出厂外 6.1.4 条规定中所检混凝土部品涉及的所有内容）、**主筋保护层厚度、主筋保护层厚度制造偏差、面密度、面砖粘结强度**（饰面板（砖）饰面部品）、**吊挂力、抗弯破坏荷载**（平板）、**抗冲击性、保温材料品种**（保温型部品）、**浆料或轻质混凝土保温材料密度**（保温型部品）、**保温层厚度**（保温型部品）、**热阻**（保温型部品）、**耐火极限**（保温型部品）、**放射性**
8	楼梯板	**外观质量**（6.1.3 条规定中所检混凝土部品涉及的所有内容）、**尺寸允许偏差**（长度、宽度、厚度、踏步高、踏步宽、侧面直线度、对角线差、踏步直角度以及除形状出厂外 6.1.4 条规定中所检混凝土部品涉及的所有内容）、**主筋保护层厚度、主筋保护层厚度制造偏差、抗弯抗裂检验、抗弯承载力、放射性**

6.6 质量评定

6.6.1 工艺文件

检验混凝土部品的工艺文件符合 6.1.1 的规定，评定工艺文件合格，否则评定工艺文件不合格。

6.6.2 混凝土强度

检验批混凝土部品的混凝土强度符合 6.1.2 的规定，混凝土强度合格，否则混凝土不合格。

6.6.3 外观质量

受检混凝土部品的检验结果符合 6.1.3 的规定时，判定该件混凝土部品外观质量合格；否则判定该件部品外观质量不合格。当检验样本每件混凝土部品均合格时，判定该批产品的外观质量合格；否则判定该批产品的外观质量不合格。

6.6.4 尺寸允许偏差

受检混凝土部品的检验结果符合 6.1.4 的规定时，判定该件混凝土部品尺寸允许偏差合格；否则判定该件混凝土部品尺寸允许偏差不合格。当检验样本每件混凝土部品均合格时，判定该批产品的尺寸允许偏差；否则判定该批产品的尺寸允许偏差不合格。

6.6.5 构造

某一构造项目的检验结果符合 6.1.5 的规定时，判定该项目合格；否则判定该项目不合格。

6.6.6 物理力学性能

某一物理力学性能项目的检验结果符合 6.1.6 的规定时，判定该项目合格；否则判定该项目不合格。

6.6.7 结构性能

某一结构性能项目的检验结果符合 6.1.7 的规定时，判定该项目合格；否则判定该项目不合格。

6.6.8 总判定

工艺文件、混凝土强度、外观质量、尺寸允许偏差和结构、物理力学性能、结构性能的所有检验项目均合格时，判定该批产品合格；否则判定该批产品不合格。

7 产品贮存、出厂和运输

7.1 贮 存

堆放场地应坚硬、平整，产品应按规格及生产日期分别堆放，必要时应有支撑架支撑。

7.2 出 厂

混凝土部品出厂前在厂内养护龄期不应少于 14 天。产品出厂必须经检验合格后方可出厂。

7.3 运 输

应防止混凝土部品在运输过程发生倾覆、碰撞等损伤或破坏现象发生。

8 出厂合格证和使用说明书

8.1 出厂合格证

每批产品出厂时应附出厂合格证。产品合格证应有以下内容：

a）产品名称、型号；

b）厂名、厂址、电话；

c）检验合格印章；

d）检验日期。

8.2 使用说明书

生产商应向用户提供混凝土部品使用说明书。使用说明书应有以下内容：

a）产品用途；

b）性能简介；

c）使用方法；

d）注意事项。